易小点数学成长记
The Adventure of Mathematics

牛顿家的牛

童心布马 / 著
猫先生 / 绘

9

北京日报出版社

图书在版编目（CIP）数据

易小点数学成长记 . 牛顿家的牛 / 童心布马著 ; 猫先生绘 . ——
北京 : 北京日报出版社 , 2022.2（2024.3 重印）
ISBN 978-7-5477-4140-5

Ⅰ . ①易… Ⅱ . ①童… ②猫… Ⅲ . ①数学—少儿读物 Ⅳ . ① 01-49

中国版本图书馆 CIP 数据核字 (2021) 第 236852 号

易小点数学成长记　牛顿家的牛

出版发行：北京日报出版社
地　　址：北京市东城区东单三条 8-16 号东方广场东配楼四层
邮　　编：100005
电　　话：发行部：（010）65255876
　　　　　总编室：（010）65252135
印　　刷：鸿博昊天科技有限公司
经　　销：各地新华书店
版　　次：2022 年 2 月第 1 版
　　　　　2024 年 3 月第 7 次印刷
开　　本：710 毫米 ×960 毫米　1/16
总 印 张：25
总 字 数：360 千字
总 定 价：220.00 元（全 10 册）

目 录

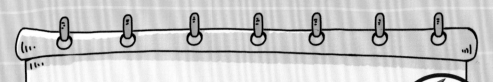

春秋末期

秦国派出骑兵和步兵攻打齐国。

大人，据探子报告，由于护栏遮挡并且有薄雾影响视线，只侦察出敌军部队中有103个头盔和262只脚，不知道到底有多少个步兵、多少个骑兵。

这就够了。

著名军事家孙武听了士兵的报告，马上部署军队，打赢了这一仗。

你怎么知道对方有多少个骑兵和步兵呢？

骑兵骑在马上，所以只用算马的脚数和步兵的脚数。

第一步：

假设每匹马和每个步兵都抬起 2 只脚。

抬起来的脚的总数为：
$103 \times 2 = 206$（只）
剩下的脚的总数为：
$262 - 206 = 56$（只）

第二步：

每个步兵只有 2 只脚，全部抬起来后，剩下的 56 只脚一定都是马的。

所以马的数量为：
$56 \div 2 = 28$（匹）

第三步：

用头的总数减去骑兵的数量就是步兵的数量。

有 28 匹马就说明有 28 个骑兵。所以步兵的数量为：
$103 - 28 = 75$（个）

博士！我已经明白了，快回去看魔术吧！

放心，什么都不会错过的。

3

于是，三个人一起拼起了拼图……

这块放在这里！

这里还少一块！

好累呀，休息一会儿！

我先吃饭喽！

吃完饭看漫画，真开心！

午饭后，易小点和铅笔妹继续拼拼图。

应该是这里。

铅笔妹，你看这块应该放在哪里？

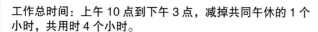
工作总时间：上午 10 点到下午 3 点，减掉共同午休的 1 个小时，共用时 4 个小时。

小 π，现在知道自己什么时候开始当的逃兵了吧？

小 π 的工作量：$1-\left(\dfrac{1}{8}+\dfrac{1}{10}\right) \times 4 = \dfrac{1}{10}$

小 π 的工作效率：$1 \div 6 = \dfrac{1}{6}$

所以小 π 的工作时间：$\dfrac{1}{10} \div \dfrac{1}{6} = \dfrac{3}{5}$（小时）$= 36$（分钟）

原来我才拼了 36 分钟，还是不和你们一起合影了吧。

无敌三人组，怎么能没有你呢！

难道那位老爷爷和分段收费有关?

您为什么唉声叹气呀?

我的小孙子今天过 15 岁生日。

吃生日蛋糕还不开心吗?

按照人头税的缴纳规定,3 岁到 14 岁的国民每人每年要缴纳 23 钱的人头税;15 岁到 56 岁的成年人,每人每年要缴纳 120 钱的人头税。

每年要缴税 120 钱的竟然有 13 个人!

小孙子过完生日,就要缴更多的税钱了。

56 岁以上不缴税

15 ~ 56 岁,每人每年缴税 120 钱

3 ~ 14 岁,每人每年缴税 23 钱

3 岁以下不缴税

家庭成员年龄分布图

博士家这个月的总用电量为 9000 千瓦时。根据分段收费规则进行计算，电费总额是：
$0.48 \times 240 + 0.53 \times (400 - 240) + 0.78 \times (9000 - 400) = 6908$（元）。

当天晚上，为了省电，博士只能点蜡烛批改作业了。

我们得先知道:每天新长出的草的量;牧场原有的草量;每天实际消耗的原有草量。

牛吃的草量 − 生长的草量 = 消耗的原有草量

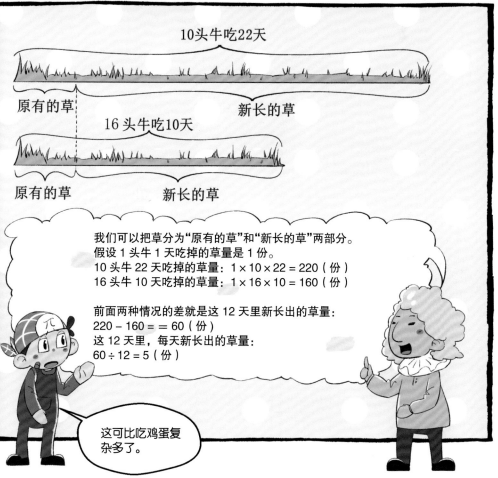

10头牛吃22天

原有的草 　　　　　　　　新长的草

16头牛吃10天

原有的草 　　　　新长的草

我们可以把草分为"原有的草"和"新长的草"两部分。
假设1头牛1天吃掉的草量是1份。
10头牛22天吃掉的草量:1 × 10 × 22 = 220(份)
16头牛10天吃掉的草量:1 × 16 × 10 = 160(份)

前面两种情况的差就是这12天里新长出的草量:
220 − 160 = = 60(份)
这12天里,每天新长出的草量:
60 ÷ 12 = 5(份)

这可比吃鸡蛋复杂多了。

每天新长出的 5 份草，正好够 5 头牛吃，其他 20 头牛吃原有的草。
原有的草量：220 − 5 × 22 = 110（份）

这些草够 25 头牛吃的天数是：
原有的草量 ÷（牛的总数 − 吃新草的牛数）
110 ÷（25 − 5）= 5.5（天）

一直说吃，都把我说饿了。

我也饿了。

回家吃鸡蛋去喽！

给你们煎荷包蛋吃！

真好吃。

没有了，你们比牛顿家的牛还能吃。

博士，我们还要吃！

游乐场门票多少钱?我们凑一凑吧。

我算算需要几个人,各出多少钱。

凑钱的事,去问问刘徽就明白了。

三国时期

如果每人出 8 元买饼，会多出来 3 元；如果每人出 7 元买饼，又会差 4 元。你们自己算人数和买桂花饼需要的总钱数吧。

我自己众筹的事还没算明白呢。

古文翻译员上线

我和朋友筹钱的过程是这样的。你们看得懂吗？

第一个人　　第N个人

第一次筹钱　　每人出 8 元　　比买饼的总金额多 3 元

第二次筹钱　　每人出 7 元　　比买饼的总金额少 4 元

两次筹钱的总金额相差：$3 + 4 = 7$（元）
每次每人出的钱数相差：$8 - 7 = 1$（元）
所以，总人数应该是：$7 \div 1 = 7$（人）
买饼的总金额应该是：$8 \times 7 - 3 = 53$（元）

这里一定存在运算规律。

31

所以，利率对我们的生活有很大的影响。

但是，博士有财可理吗？

趁现在利率稳定，我该考虑理财了。

说到我的痛处了……

跟着易小点，
★ 数学每天进步一点点

数与数字关系 | 运算与速算 | 图形与测算 | 图形与测算 | 特殊测算

统计与概率 | 基础应用 | 典型应用 | 典型应用 | 典型应用

★出　　品：童心布马
★策　　划：张　剑
★责任编辑：张志新
★助理编辑：曹　云
★美术编辑：阳春面
★封面设计：张　婧

猫先生

北京日报出版社
微信公众号

童心布马
微信公众号

上架建议：儿童读物

ISBN 978-7-5477-4140-5

9 787547 741405

总定价：220.00元（全10册）